현장 역량 강화를 위한
동물병원
현장실습 지침서

동물보건교육연구회

박영story

반려동물의 의료산업 수요가 증가함에 따라 전문인력에 대한 필요성이 강조되고 있습니다. 이에 2022년 제1회 동물보건사 국가자격시험이 시행되었고, 본격적으로 '동물보건사'가 사회로 배출되고 있습니다.

동물보건학을 배우는 대학의 교육과정에는 다양한 실습 교과목이 포함되어 있지만 현장경험을 대체할 수는 없습니다. 따라서 대부분의 교육기관은 '현장실습' 과목을 교과과정에 편성하였습니다. 그러나 교육기관과 산업체 각각의 특성에 따라 교육체계가 다르고, 실습의 범위 또한 가지각색이라는 문제점이 있다는 것을 인지하고 본 동물보건교육연구회는 다양한 교육기관과 산업체에서 현장실습을 수행하더라도 유사한 경험을 제공하기 위해 본 도서를 집필하게 되었습니다.

본 도서는 다음과 같은 특징이 있습니다.

🐾 첫째   필수적인 내용만을 압축하였습니다. 현장실습이라는 과목의 특성상 실습에 집중할 수 있도록 최대한 간략하게, 필수적으로 알아야 할 내용만을 추출하여 수록하였습니다.

🐾 둘째   복잡한 이론 내용 대신 간략한 그림과 사진을 수록하여 실습에 대한 이해도를 높였습니다.

머리말

🐾 **셋째**   실습 TIP을 추가하여 현장에서의 실무 역량을 강화하기 위한 유용한 정보들을 수록하였습니다.

🐾 **넷째**   틀에 짜인 보고서 형식이 아닌, 자유롭게 실습 기간 동안 채워 넣을 수 있는 부분을 제작하여 현장실습의 경험을 값지게 기록할 수 있도록 설계하였습니다.

미래의 동물보건사를 꿈꾸는 학생들에게 본 도서가 그 꿈을 향해 한 걸음 더 나아갈 수 있도록 해주는 발판이 되었으면 좋겠습니다. 마지막으로 본 도서를 준비하며 함께 고민하고 집필해 주신 동물보건교육연구회를 비롯하여, 섬세한 검토를 수행해 주신 감수자분들, 그리고 다방면으로 지원을 아끼지 않으신 박영스토리의 관계자분들께 감사드립니다.

2024년 6월
동물보건교육연구회

동물병원 현장실습 상세정보 기입

❶ 실습생 신상정보

성명		학번		
소속 대학		학과		
연락처(본인)		E-mail		
실습 상세정보	실습 기간	~		(주)
	비상연락처 (부모님 등)			

❷ 동물병원 상세정보

병원명		대표원장	
상세 주소			
연락처		비상연락처 (실습동료)	
현장지도자	성명		
	연락처		

❸ 소속 대학 상세정보

대학명		학과명	
학과장		연락처	
지도교수		연락처	
조교		연락처	
		E-mail	

동물병원 현장실습 기본 유의사항

① 실습생은 현장실습 시작 전 안전교육을 받아야 한다.

② 실습생은 출퇴근 시간을 사전 확인 후 준수해야 하며, 부득이하게 일정 조정이 필요한 경우 현장지도자에게 사전 보고해야 한다.

③ 실습기간 중에는 병원에서 권고하는 복장을 착용하며 용모를 단정하게 해야 한다.

④ 병원 진료 중 알게 된 동물환자 및 보호자에 대한 정보는 개인이 소장해서도 안 되며, 외부로 유출해서도 안 된다.

⑤ 낯선 동물에게 물림 사고를 당하지 않도록 유의한다.

동물병원 현장실습 학습성과

현장실습 과목	학습성과
동물보건 내과실습	
동물보건 응급간호실습	
동물보건 외과실습	
동물보건 영상실습	
동물보건 임상병리실습	
의약품 관리실습	
동물병원 실무실습	

동물병원 현장실습 완료확인서

학 과		성 명	
학 번		생년월일	
실습 기간		이수 시간	
실습 기관명		기관담당자 확인	

상기 학생은 년 월 일부터 년 월 일까지
동물병원 현장실습을 완료하였음을 확인합니다.

년 월 일

실 습 기 관 명:

실습기관 주소:

실습기관의 장: (인)

차 례

01

동물병원 현장실습의 개요

CHAPTER 01 현장실습의 개념 및 정의

CHAPTER 01

현장실습의 개념 및 정의

1 현장실습

현장실습이란 「고등교육법」 제2조 및 각 호에 따른 학교와 현장실습 기관 (동물병원)이 공동으로 참여하여 상호 간에 합의한 기간(3~4주) 동안 현장실습 기관(동물병원)에서 실무교육 및 실습을 실시하고 이를 통해 학점을 부여하는 산학협력 교육과정이다.

2 현장실습생

현장실습생이란 학점 및 실무경험을 제공받기 위하여 동물병원에 현장실습을 신청·참여하는 학생을 말한다.

3 현장실습 기관

동물보건사 현장실습은 동물병원에서 이루어진다.

4 현장실습 협약

① 현장실습 협약이란 대학, 실습기관, 학생이 현장실습 운영에 관하여 체결하는 행위이다.
② 3자 협약서를 작성하고 세부내용을 확인한 후 3자 모두 사인 또는 직인을 찍는다.

5 현장실습 협약체결 포함 내용 및 방법

① 현장실습 실시기간, 장소, 평가 관련 사항이 포함되어야 한다.

② 현장실습 기간 중 현장실습생의 보건·위생과 산업재해 예방 관련 사항이 포함되어야 한다.

③ 불성실한 현장실습 자세, 안전수칙 미준수, 현저한 능력 부족 등으로 인한 실습 중단 관련 사항이 포함되어야 한다.

④ 기타 현장실습 교육에 필요한 사항이 포함되어야 한다.

⑤ 현장실습 협약은 대학, 실습기관 대표자 명의, 실습생 간의 3자 협약 체결을 원칙으로 한다.

6 현장실습 운영기준 및 주의사항

① 현장실습은 실습의 실효성을 고려하여 실습기관의 근로환경과 동일한 여건하에서, 교육부의 현장실습 학점 운영 가이드라인을 참고하여 1일 8시간/주 40시간을 기준으로, 4주간 연속적으로 실시하는 것을 원칙으로 한다. 다만, 학점인정을 받지 않고 동물보건사 양성기관 인증 가이드라인인 120시간 이상을 운영할 수 있다.

② 지도교수는 학생들의 주차별 실습 계획서를 작성 후 공지한다.

③ 학생들은 대학에서 인정한 현장실습 지침서(실습일지)를 작성하고 담당 현장지도자(수의사)의 확인(서명)을 받는다.

④ 현장실습 종료 후 50% 이상의 학생이 만족도 조사에 참여하여야 한다.

⑤ 현장실습 첫날 산재보험 가입이 가능하도록 동물병원에 안내하고 학생들에게 산재보험 가입을 위해 주민등록번호의 제출 필요성에 대해 설명한다.

⑥ 병가, 조퇴 등으로 20일 근무를 채우지 못할 경우 산재보험 기간 만료 전 휴일에 근무를 신청하여 20일 근무를 마무리하도록 병원과 학생에게 안내한다.

7 현장지도

수의사 면허 및 석사학위를 소지한 교수는 동물병원을 방문하여 현장실습을 나간 학생들을 대상으로 현장지도자와 기 협의한 실습목표 및 내용, 지도 방법, 평가 방법 등이 올바르게 진행되고 있는지, 안전 및 애로사항이 있는지 등을 확인하고 필요시 개선을 요청한다.

 memo

02

동물병원 현장실습의 과목

CHAPTER 01

동물보건 내과실습

신체검사 및 보조

1 실습 목표

① 동물병원 외래 혹은 입원한 동물환자의 건강상태를 검사하는 신체검사를 보조 및 수행할 수 있다.

② 신체검사를 통해 현재 상태를 진단하는 과정을 보정하고, 동물환자를 간호, 관리 및 진료보조에 있어서 유의해야 할 점을 습득할 수 있다.

③ 건강한 동물의 신체검사를 충분히 수행하여, 질병을 가진 동물의 신체검사 시 특이점을 확인할 수 있다.

2 실습 과정

① **체중체크**: 동물이 병원에 내원 시 매번 체중을 재고 차트에 기록해야 한다. 특히, 책상 높이의 체중계에서 동물을 올릴 때 낙상사고가 발생하지 않도록 유의해야 한다.

② 활력징후 관찰

체온 (T: Temperature)	일반적으로 직장 내 체온을 잰다. 체온 측정 전후 소독이 필수이다. 동물환자가 불편하지 않도록 윤활제를 바르고 직장 안에 넣는 것이 도움이 되며, 직장 내 분변의 체온을 재는 것이 아닌 직장의 체온을 잴 수 있도록, 체온계를 넣은 후 체온계의 끝이 직장 벽에 닿도록 한다.
심박수 (P: Pulse)	청진기를 이용하여 갈비뼈 사이에서 맥박수를 측정할 수 있다. 맥박의 기록은 1분당 횟수를 기록하며, 상태가 안정적이라면 실제 측정은 20초 전후로 실시해도 된다.
호흡수 (R: Respiration)	눈으로 갈비뼈의 움직임을 관찰하거나, 동물이 놀라지 않도록 흉벽을 잡고 1분당 호흡하는 횟수를 확인한다.
혈압 측정(BP: Blood Pressure)	도플러 타입 혹은 오실로메트릭 타입을 이용한다.

동물의 심박수 및 혈압 측정

 실습 TIP

① 현장실습에서는 바이탈 사인(Vital Sign) 혹은 TPR(Temperature, Pulse, Respiration의 약자) 등으로 불릴 수 있다.

② 활력징후 측정은 동물이 안정된 상태에서 실시해야 한다.

③ 동물의 신체검사 시 세밀하게 관찰하여 불편한 점을 확인할 수 있어야 한다.

 실습 수행 목록(Checklist)

수행 목록		수행 여부		내용 작성
		관찰	수행	
머리	눈, 코, 입이 양측 대칭인지 확인			
	천문 여부 및 두개골 정상 여부 확인			
눈	눈의 크기 및 동공이 대칭인지 확인			
	안구 함몰 및 돌출은 없는지 확인			
	눈꺼풀의 내번 및 외번, 습진, 종양은 없는지 확인			
	눈물양이 너무 적거나 많은지 확인, 냄새나 색의 이상 유무 확인			
	결막, 각막의 이상 여부 확인			
코	코의 모양 및 콧구멍이 대칭인지 확인			
	코의 표면이 촉촉한지 확인			
	코에서 비정상적인 분비물이 나오지 않는지 확인			
입 및 구강	입술의 두께나 표면 상태는 정상인지 확인			
	구취는 없는지 확인			
	치석 상태는 어느 정도인지 확인			
	흔들리거나 출혈이 있는 치아는 없는지 확인			
	잇몸 상태는 정상인지 확인			
	CRT 측정(2초 이내)			
	침 흘림이 심하지 않은지 확인			

귀	귀의 외형 관찰(부종, 상처, 종양 여부 등)			
	귀 내부의 냄새 및 분비물 정도 확인			
몸통	전반적인 털 상태는 이상 없는지 확인(탈모 등)			
	전반적인 피부 상태는 이상 없는지 확인			
	BCS 측정			
	림프절 비대 여부 학인			
	탈수 상태 확인			
	몸통의 모양은 정상인지 확인(Pot belly 등)			
	유선의 정상 유무 확인(종창, 유즙 여부, 종양 여부 등)			
다리	다리가 내전 혹은 외전되었는지 확인			
	슬개골 탈구가 있는지 확인			
	정상적인 보행 여부 확인			
	발톱 상태는 정상인지 확인			
	발바닥 패드의 상태는 이상 없는지 확인			
비뇨 생식기	생식기 주변 피부는 정상인지 확인			
	생식기에서 분비물 유무 확인			
	수컷의 경우 감돈포경 여부 확인			
	항문의 부종, 종양 확인. 주변의 피부 및 털 상태 확인			
	항문낭은 정상인지 확인			

※ 강아지와 고양이의 체온, 맥박수, 호흡수, 혈압의 정상범위를 작성해 보자.

강아지		고양이	
체온(℃)		체온(℃)	
맥박수(/min)		맥박수(/min)	
호흡수(/min)		호흡수(/min)	
혈압(mmHg)		혈압(mmHg)	

※ 신체검사 및 보조 수행 시 주요 내용 정리

02 진료보조 및 환자관리

1 실습 목표

① 입원환자를 관리하는 데 있어 입원환경을 조성하고 동물에게 필요한 것과 주의사항을 파악할 수 있어야 한다.

② 입원환자의 영양관리를 수행한다.

③ 입원환자의 기록지를 작성할 수 있다.

④ 수액처치를 보조할 수 있다.

⑤ 감염병환자의 격리간호를 실시할 수 있다.

2 실습 과정

① 입원한 동물의 상태에 따라 입원환경이 달라질 수 있다.

    예) 경련을 하는 경우 부딪힘을 방지하기 위해 케이지 내에 완충재를 넣어주고, 산소 및 온도를 조절해 주어야 한다.

② 입원한 동물의 질병에 따라 식이 및 음수관리가 달라진다.

    예) 신부전으로 진단받은 경우, 깨끗한 물을 충분히 공급해야 하며, 단백질 제한 식이를 실시한다.

③ 입원환자의 기록지는 수시로 확인해야 하며, 기본사항 확인 및 특이사항 발생 시 기록해야 한다.

④ 입원환자마다 처방되는 수액의 종류가 다를 수 있다. 수액의 종류를 확인하고 첨가제 여부 및 수액 속도를 확인하여야 한다. 수액을 개봉하면 반드시 개봉 날짜를 기입하도록 한다.

⑤ 감염병이 진단된 동물의 경우 격리 입원실을 이용하며, 격리 입원실의 수칙을 따르도록 한다.

날짜:		am													pm												MEMO	
		0	1	2	3	4	5	6	7	8	9	10	11	12	1	2	3	4	5	6	7	8	9	10	11		
체온(℃)																										체중	kg
심박수	심잡음																										
호흡수	① 기침 ② 맑은 콧물 ③ 농성 콧물																										
혈압																											
구토	① 위액 ② 음식물 ③ 혈액 ④ 거품																										
대변	① 설사 ② 연변 ③ 정상 ④ 혈액 ⑤ 점액 ⑥ 흑변																										
소변	① 갈색뇨 ② 혈뇨 ③ 정상																										
수액	ml/h																										
사료	① 감소 ② 절폐 ③ 정상 ④ 강급																									사료 종류	
음수																											
																									카테터 정착일	/
																									패치 종류	
																									패치 장착일	/
																									면회 방법	
																									입원장(처치실)	면회 금지
																									수액 ○ 면회실	수액 × 면회실

입원처치표의 예시 — 처치를 파악하고, 특이사항을 기록한다.

 실습 TIP

① 입원환자 대부분은 정맥카테터를 장착하고 있다. 정맥카테터의 이상 유무를 수시로 확인하여야 한다. 반드시 손을 소독한 후 다루도록 하며, 카테터 장착으로 인해 공기 색전증, 혈전, 정맥염 등이 발생할 수 있으므로 면밀하게 관찰하도록 한다.

② 수액 속도는 일반적으로 인퓨전 펌프를 이용해서 동물환자에게 주입한다. 병원에서 사용하고 있는 인퓨전 펌프의 사용법을 숙지하도록 한다.

실습 수행 목록(Checklist)

수행 목록		수행 여부		내용 작성
		관찰	수행	
입원환경 관리	입원실 청소와 소독관리 수행			
	입원실 온도, 습도관리, 산소공급장치 관리			
입원환자 관리	입원환자의 체중, 체온, 맥박, 호흡수, 혈압 측정			
	입원환자의 음수 및 식이 확인			
	입원환자의 대소변 정상 유무 확인			
	입원환자 정맥카테터 확인 및 관리			
	입원환자 기록지 관리			
	정형외과 환자의 재활운동 실시			
수액 관리	수액 속도 계산			
	처방된 수액 연결(수액팩, 수액세트, 익스텐션 등)			
	인퓨전 펌프 사용			
	시린지 펌프 사용			
감염병환자 관리	감염병환자 관리 시 보호장비 착용			
	감염병환자 관리 후 소독 수행			
격리 입원실 (감염병) 관리	격리 입원실의 출입 및 환자관리			
	격리 입원실의 소독			
	격리 입원실의 폐기물 처리			

중환자 관리	산소공급 관리			
	요도카테터 관리			
	배액장치 관리			
	온도장치 관리			
	욕창 방지를 위한 자세 변경			

 수행 과제

※ 입원환자 중 한 증례를 선정하여, 다음 수액관리에 대해 작성해 보자.

진단명	
나이	
체중	
탈수 유무	
병원에서 사용하는 수액 유지 속도를 구하는 방법	
처방된 수액 속도(예: 유지 속도 5ml/hr, 2배 속도 10ml/hr)	
수액의 종류	

※ 입원환자 중 한 증례를 선정하여, 다음 영양관리에 대해 작성해 보자.

진단명	
나이	
체중	
처방된 사료	
진단명, 처방된 사료의 연관성(예: 신부전 환자에서 저단백 식이처방)	

※ 진료보조 및 환자관리 수행 시 주요 내용 정리

CHAPTER 02

동물보건 응급간호실습

1 실습 목표

① 응급환자의 응급진료 보조, 응급처치 등에 대해 숙지한다.
② 응급처치에 필요한 응급간호 기법을 익힌다.
③ 응급처치에 필요한 응급기구 및 기기를 파악하고 사용법을 숙지한다.
④ 응급수술 준비방법 등 응급상황에 대처할 수 있는 능력을 함양한다.

2 실습 과정

① 동물의 의식 상태, 맥박, 호흡 유무를 파악하고, 기능이 멈추었을 때 심폐소생술을 실시한다.
② 출혈 정도를 관찰하고 몸의 다른 부위에 상처가 없는지 조사한다.
③ 수술이 필요할 경우 응급수술 준비를 한다.

실습 TIP

① 응급조치의 ABC 단계 확인
- 의식불명의 응급환자가 발생했을 때 가장 먼저 확인해야 하는 것이 환자의 상태이다.
- A는 Airway(기도), B는 Breathing(호흡기), C는 Circulation(순환기)를 의미하며, 기능의 이상 여부를 확인하여 필요한 조치를 취해야 한다.

② 심폐소생술(cardiopulmonary resuscitation, CPR)

- 심장과 폐가 기능을 멈추었을 때 호흡과 혈액순환을 재개하기 위해 수행하는 응급처치를 말한다.
- 1단계: 동물환자의 의식, 심박동, 호흡 여부 확인

  호흡 여부를 확인하기 위해 가슴의 움직임을 관찰하고, 귀로 호흡음을 들으며, 뺨으로 공기의 흐름을 감지한다.
- 2단계: 기도 확보
  - 코와 입 속에 이물질이 확인되면 제거한다.
  - 회복체위(Recovery Position)를 유지한다.

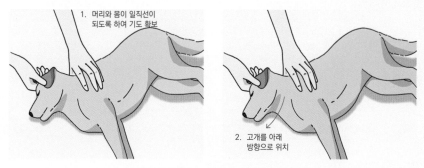

회복체위(Recovery Position)

- 3단계: 흉부압박(Chest Press) 30회 실시
  - 동물 품종별 흉부 압박지점을 확인한다.
  - 흉부압박을 실시한다. (분당 100~200회 속도로 압박)
  - 기도를 유지하고, 호흡 여부를 확인한다.
- 4단계: 인공호흡 2회 실시

  공기가 새지 않도록 입을 손으로 감싼 후 코로 호흡을 불어넣으면서 동물의 가슴이 위로 올라오는지 확인한다.
- 5단계: 심박동과 호흡이 돌아오는지 평가하면서 반복 실시
- 6단계: 회복체위(Recovery Position) 유지 및 보온하면서 필요한 응급처치 실시

실습 수행 목록(Checklist)

수행 목록		수행 여부		내용 작성
		관찰	수행	
응급진료 보조	ABC 단계 확인			
	심장 마사지법			
	응급키트 사용			
	보온도구 사용			
	호흡 보조(기관 내 삽관 또는 인공 호흡기 사용)			
응급환자 관찰	자발호흡 여부 확인(분당 호흡횟수)			
	응급환자의 심박수 체크			
	응급환자의 체온 체크			
	응급환자의 혈압 체크			
	조직관류(잇몸색, CRT) 체크			
	처치 후 동물환자의 활력징후(활력, 의욕, 자발식욕 등) 확인			
	음수량, 배변·배뇨 여부와 양 확인			
	기타 정기적인 간격으로 관찰을 지시한 사항 확인			
응급약물 관리	응급 시 약물처치 보조			
	응급상황 종료 후 응급약물 재고관리			

수행 과제

※ 다음 용어의 개념을 작성해 보자.

부정맥(Arrhythmia)	
빈맥(Tachycardia)	
서맥(Bradycardia)	
수축기압(Systolic Pressure)	
이완기압(Diastolic Pressure)	

※ 응급환자의 활력징후(Vital Sign)를 측정하고 정상 범위와 비교해 보자.

구분	응급환자의 측정값	정상 범위
혈압(Blood Pressure)		
맥박(Heart Rate)		
호흡수(Respiration Rate)		
체온(Body Temperature)		

※ 응급간호실습 수행 시 주요 내용 정리

CHAPTER 03

동물보건 외과실습

1 실습 목표

① 수술실에서 사용하는 봉합재료의 종류 및 수술도구의 명칭을 알고, 용도에 맞게 준비할 수 있다.
② 멸균 방법의 차이를 이해하고 용도에 맞게 의료기구 등을 멸균할 수 있다.
③ 수술 절차에 필요한 사항을 이해하고 동물환자 모니터링 및 수술 후 관리를 할 수 있다.
④ 지혈법 및 배액관 장치를 이해하고 수술 후 창상 관리 및 붕대법을 실시할 수 있다.
⑤ 동물환자에게 운동재활을 적용해야 할 경우 재활치료를 보조할 수 있다.
⑥ 수술실(수술준비실, 스크럽 구역, 수술방)의 구성 및 특징을 이해하고 관리 방법을 학습한다.

2 실습 과정

① 수술 전 수술팩 준비 및 기기 점검을 하여 수술 준비를 한다.
② 수술실에서는 동물환자의 호흡수, 심박수, 체온, 혈압을 체크하며 마취 모니터링한다. 수술 모니터링 중 모니터의 수치가 의심이 갈 경우 혈압은 허벅다리 안쪽의 맥박 측정, 심박은 청진기 측정, 자발호흡은 흉

강·복강의 움직임, 조직관류는 잇몸의 색 또는 모세혈관 재충만시간 (Capillary Refill Time, CRT) 측정으로 주요 바이탈을 직접 측정하기도 한다.

③ 수술에 따라 다르지만 수술 후 1~2일 정도는 입원을 하게 되며, 이때는 중환자에 준하여 입원환자 관리를 하도록 한다. 수술 후 입원환자의 기록관리는 수술 후 처치 및 정기검사뿐 아니라 특이사항(구토, 설사, 발작 등)이 발생한 경우에도 내역과 시간을 기입하여 입원기간 동안 동물환자의 진료와 관련된 사항을 한눈에 알 수 있도록 한다.

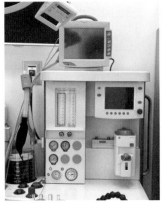
마취기, 마취 모니터링기

오토클레이브, EO 가스 멸균기

동물환자의 붕대관리

실습 TIP

① 마취 모니터링

- 마취 시 정상적인 호흡수의 기준은 동물의 크기마다 다르나 보통 분당 10~20회가 유지되면 수술 등에 적합한 호흡수로 판단한다.
- 마취 시 평균 혈압은 80~120mmHg 정도로 유지되는 것이 좋다.
- 심박수는 강아지의 크기에 따라 다르지만 마취 시 70~120/분 사이로 유지(고양이는 120~180/분)되도록 한다.
- $EtCO_2$(호기말 이산화탄소 분압)은 마취 시 35~45mmHg 수준을 유지해야 한다.

② 수술 후 처치

붕대법 (Bandage)	• 골절, 정형외과 수술 후 수술부를 보호하기 위해 붕대법을 적용하는 경우에는 반드시 손을 소독하고 다루도록 한다. • 부어 있는 부위는 나중에 가라앉을 수 있다는 것을 감안하여 골고루 압력이 가도록 하되, 너무 조이지 않게 적용 부위와 붕대 사이에 두 손가락 정도 들어가도록 한다. • 골절 부위는 근위 및 원위 관절을 적절히 포함하여 고정한다. • 엘리자베스 칼라, 진정제 등을 이용해서 동물이 붕대를 풀지 않도록 한다. • 자주 확인하여 드레싱을 갈아주고, 붕대에서 냄새가 나거나 붕대를 통해 분비물이 스며들기 시작하면 바로 알리도록 한다.
배액관 (Drainage)	• 수술 봉합 부위에서 염증, 삼출물 등을 배출하기 위해 배액관을 장착한 경우 배액관이 피부에 단단하게 봉합되었는지 확인하여야 하며 엘리자베스 칼라 등을 적용시켜 배액 부분을 건드리지 못하게 해야 한다. • 배액관의 출구와 입구는 깨끗하게 멸균적으로 관리해야 하며, 드레싱을 이용하여 배액 입구, 뚜껑 등을 깨끗하게 유지해야 하고 감염 억제 등을 위해서 배액 부위를 클로르헥시딘 등으로 소독한다. • 하루 두 번 정도 관찰하고, 능동배액(예: Jackson-Pratt 배액법)은 양이 많을 때에는 수시로 비워주어야 한다. • 수술 후 배액량을 상시 관찰하고, 감소하면 제거해야 한다.

실습 수행 목록(Checklist)

	수행 목록	수행 여부		내용 작성
		관찰	수행	
수술 전 간호	동물환자 절식 체크			
	수술에 적합한지 동물환자의 건강 상태 체크			
수술 전 준비	수술기구 및 도구 확인			
	멸균 수술기구(수술팩) 준비			
	수술 전 준비(삭모 및 소독 등)			
	수술실 이동			
수술 보조	수술방 세팅 준비			
	멸균된 상태를 유지하여 수술도구 전달			
	동물환자 모니터링(호흡수, 심박수, 체온, 혈압) 체크			
	자발호흡 여부 확인(분당 호흡횟수)			
	조직관류 평가(잇몸색, CRT)			
	수술 후 뒷정리(수술기구 정리)			
수술 후 관리	동물환자의 호흡수, 심박수, 체온, 혈압 체크			
	수술부의 출혈, 염증, 붓기 등 확인			
	창상 관리 및 배액관 장착 시 유지 관리, 소독			
	동물환자의 활력징후(활력, 의욕, 자발식욕 등) 확인			
	음수량, 배변, 배뇨 여부와 양 확인			
	수액의 종류와 속도 체크			
	약물 처치(종류 및 농도, 투여 경로, 약물 간격)			
	기타 정기적인 간격으로 관찰을 지시한 사항			

재활치료 보조	물리치료기기의 특성과 조작법 이해			
	재활치료를 보조하면서 동물환자의 상태 관찰			
수술실 관리	수술기구의 세척 및 멸균			
	수술실 전용 물품(가운, 모자, 마스크) 구비 및 체크			
	수술실, 수술대, 수술 관련 기기의 정리 및 청소			
	의료폐기물 관리			

 **수행 과제**

※ 다음 용어 또는 약어가 뜻하는 바가 무엇인지 작성해 보자.

구분	의미
BW	
BT	
BP/SBP	
RR	
HR	
NPO	
O₂ Supply	
Pulse Oxi	
CRT	
BG	

※ 수술 동물환자 모니터링에서 수술 등에 적합한 범위(Range)를 확인해 보자.

구분	강아지	고양이
마취 시 정상적인 호흡수(분당 횟수)		
마취 시 평균혈압(mmHg)		
심박수(회/분)		
$EtCO_2$(호기말 이산화탄소 분압, mmHg)		

※ 실습병원에서 사용하는 멸균장비의 사용 용도와 특징을 파악해 보자.

멸균법 종류	사용 용도 및 특징
고압증기멸균법 (오토클레이브)	
Plasma 멸균법	
EO 가스 멸균법	

※ 외과실습 수행 시 주요 내용 정리

CHAPTER 04

동물보건 영상실습

1 실습 목표

① 영상진단은 진단검사에서 주요한 정보를 주는 검사이다. 동물보건사는 이러한 검사에 있어, 기계의 원리를 파악하고, 준비 및 작동, 적절한 보정을 수행할 수 있어야 한다.

② 방사선 발생장치를 다룰 때 주의사항 및 안전관리사항을 확인하여, 올바르게 이용할 수 있도록 한다.

③ 영상진단에서 사용되는 용어를 파악할 수 있다.

④ X-ray, 초음파, CT, MRI 검사에서 얻게 되는 영상을 처리할 수 있다.

2 X-ray

(1) X-ray 원리 및 안전관리

① X-ray 장치는 방출된 전자를 타겟에 충돌시켜, X-ray를 생성하는 원리를 이용한다. X-ray가 신체를 투과하면 조직마다 다른 정도로 흡수하여 하얗거나 어둡게 이미지가 생성된다.

② X-ray의 노출을 최소화하며, 보호장비 착용 및 거리 유지, 촬영 횟수 줄이기 등의 안전수칙을 준수한다.

(2) X-ray의 기본사항

① X-ray 검사 시 검사 부위에 따라 동물의 자세와 빔의 중앙 위치가 모두 다르기 때문에, 미리 확인해야 한다.

② 흉부, 복부 사진 이외에도 골반, 뒷다리, 어깨, 머리 등 각 부위별 자세와 촬영 방법이 다르므로 충분히 숙지하여 실습에 임해야 한다.

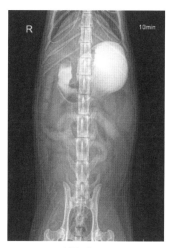

조영촬영의 예시

③ 조영검사를 실시할 경우, 조영제를 주입(조영제를 먹이거나 주사, 혹은 다른 경로로 주입할 수 있다) 후, 시간별로 촬영하게 된다. 조영촬영 시간을 잘 숙지해야 하며, 조영제에 대한 부작용이 나타나지 않은지 동물을 잘 관찰해야 한다.

① X-ray 검사 보조 시 반드시 방사선 보호장비를 착용해야 한다. 방사선 보호장비는 납가운을 비롯하여 갑상선 보호대, 납장갑, 보호안경 등이 있다. 보관 방법을 잘 숙지하며, 주기적으로 방사선 보호장비가 손상되었는지 확인한다.

② X-ray 촬영 시 kVP와 mAs를 조절하여야 한다.

- kVp는 대비도와 밀도에 영향을 준다. Sante's Rule에 따라 값을 결정할 수 있다.
  Sante's Rule: [2 × thickness] + 40 = [ ] kVP
- mAs는 mA에 시간(s)을 곱한 값이다.

(3) X-ray의 종류

> ※ 일반적인 흉부사진은 우측 외측상과 복배상의 두 장, 복부사진은 우측 외측상과 복배상의
> 두 장을 기본으로 한다.

① 흉부 우측 외측상(Thoracic Right Lateral View)

- 두 명의 보정자가 함께한다. 한 명은 한 손으로 머리를, 다른 한 손으로 앞다리를 잡아 앞방향으로 가볍게 당겨서, 폐의 앞부분이 가리지 않도록 보정한다. 또 다른 한 명은 꼬리와 뒷다리를 잡아 보정하도록 한다.
- 일반적인 흉부 우측 외측상은 최대 들숨(흡기, 폐가 최대로 팽창)에 촬영하며, 촬영 후 마커를 이용하여 방향을 표시한다. 촬영된 사진은 양쪽 갈비뼈가 잘 겹쳐 있어야 좋은 사진이라 할 수 있다.

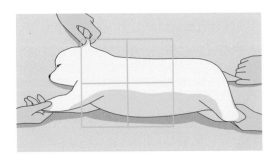

② 흉부 복배상(Thoracic Ventrodorsal View)

- 두 명의 보정자 중 한 명은 앞다리를 각각 잡고 가볍게 잡아당기며, 머리가 중앙에서 돌아가지 않도록 보정한다. 다른 한 명은 뒷다리를 잡

아당기고, 두 보정자가 동시에 중앙축이 잘 맞는지, 몸통이 회전하지 않았는지 확인한다.

- 일반적인 흉부 복배상은 최대 들숨(흡기, 폐가 최대로 팽창)에 촬영하며, 촬영 후 마커를 이용하여 방향을 표시한다. 촬영된 사진은 흉추와 흉골이 겹치고, 양측 갈비뼈가 겹쳐 있어야 좋은 사진이다.

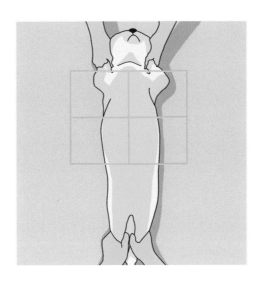

③ 복부 우측 외측상(Abdomen Right Lateral View)
- 흉부사진 촬영과 같이 두 명의 보정자가 각각 앞뒤로 가볍게 견인한다.
- 일반적인 복부 우측 외측상은 최대 날숨(호기)에 촬영한다. 최대 날숨은 폐가 수축하여 복강의 공간이 최대가 된다. 촬영 후 마커를 이용하여 방향을 표시한다. 촬영된 사진은 척추뼈의 가로돌기가 잘 겹쳐 있어야 한다.

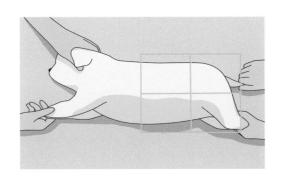

④ 복부 복배상(Abdomen Ventrodorsal View)

- 흉부사진 촬영과 같이 두 명의 보정자가 각각 앞뒤로 가볍게 견인하며 몸통이 회전되지 않도록 한다.
- 일반적인 복부 복배상은 최대 날숨(호기)에 촬영한다. 최대 날숨은 폐가 수축하여 복강의 공간이 최대가 된다. 촬영 후 마커를 이용하여 방향을 표시한다. 촬영된 사진은 척추뼈가 중앙에 있고 갈비뼈가 양측 대칭을 잘 이루고 있이야 한다.

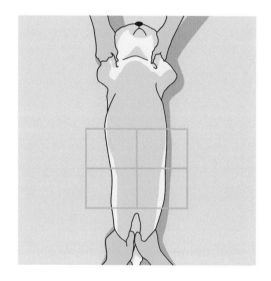

실습 수행 목록(Checklist)

수행 목록		수행 여부		내용 작성
		관찰	수행	
방사선 보호장비	납가운, 갑상선 보호대 등 보호장비를 적절히 착용할 수 있는가?			
	방사선 보호장비 사용 후, 올바른 보관법을 숙지하였는가?			
X-ray 촬영	촬영 시 적절한 촬영범위를 설정하였는가?			
	촬영 시 적절한 빔의 중앙을 설정하였는가?			
	촬영 시 적절한 kVp, mAs의 촬영조건을 설정하였는가?			
	촬영 시 동물이 움직이지 않으며, 안전하게 보정하였는가?			
	촬영 시 흉부는 최대 들숨, 복부는 최대 날숨으로 맞추었는가?			
영상 처리	촬영 후 올바르게 촬영되었는지 확인하였는가?			
	촬영 후 마커를 이용해 위치 및 정보를 표기하였는가?			
	촬영 후 얻은 영상을 적절하게 편집하고 전송 처리를 하였는가? (혹은 적절한 과정을 거쳐서 인화하였는가?)			

기타	뒷다리 질병 진단을 위한 촬영을 수행해 보았는가?		
	골반 질병 진단을 위한 촬영을 수행해 보았는가?		
	앞다리 질병 진단을 위한 촬영을 수행해 보았는가?		
	어깨 질병 진단을 위한 촬영을 수행해 보았는가?		
	머리 질병 진단을 위한 촬영을 수행해 보았는가?		
	척추 질병 진단을 위한 촬영을 수행해 보았는가?		
	조영검사를 수행해 보았는가?		

 수행 과제

※ 실습 중 관찰한 증례에서 X-ray 촬영 시 사용하였던 조건을 작성해 보자.

대상 동물(강아지, 고양이 등)	
촬영부위(흉부, 복부 등)	
동물 체중	
촬영부위 두께	
kVp	
mAs	

3 초음파 검사

① 초음파 검사 시, 검사 부위에 따라 동물의 자세와 준비가 다르기 때문에 미리 검사 목적을 파악한다.

② 초음파 검사 부위에 맞춰 삭모를 실시한다.

③ 초음파 검사는 비침습적으로 통증을 수반하지 않으나, 동물들의 경우 검사 중 불편함을 호소할 수 있다. 편안하게 검사를 받도록 보정한다.

④ 방광 천자 등 침습적인 검사 수반 시 보정에 유의해야 한다.

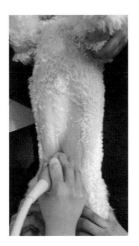

복부초음파

※ 초음파 검사부위는 적당히 삭모되어 있어야 하며, 두 명의 보정자가 앞, 뒷다리를 안전하게 보정해야 한다.

 실습 TIP

① 초음파 검사 부위에 따라 동물에게 준비시켜야 할 사항이 발생할 수 있다.

　예) 복부 초음파 검사 전 금식 및 배변을 유도한다.

　　방광 초음파 검사 전 배뇨를 하지 못하도록 한다.

② 초음파 검사 부위나 목적에 따라 사용되는 프로브가 다르다. 주로 소형동물에서는 리니어프로브(Linear Probe), 컨벡스프로브(Convex Probe), 섹터프로브(Sector Probe)가 사용된다.

 ## 실습 수행 목록(Checklist)

| 수행 목록 | 수행 여부 | | 내용 작성 |
	관찰	수행	
초음파 검사 초음파 검사 전 삭모를 실시하였는가?			
복부 초음파 검사 보정을 수행하였는가?			
심장 초음파 검사 보정을 수행하였는가?			
방광 천자를 보조하였는가?			
흉수 및 복수 제거를 보조하였는가?			
초음파 가이드 미세바늘흡인 세포검사 (FNA)를 보조하였는가?			
초음파 검사 후 삭모 부분 및 검사 부위의 피부 상처 및 발적 상태를 확인하였는가?			

 ## 수행 과제

※ 실습 중 관찰한 증례에서 검사 부위에 따라 사용한 프로브의 종류를 작성해 보자.

초음파 검사 부위	프로브 종류
복부	
심장	
기타( )	

4 CT(Computed Tomography) 및 MRI(Magnetic Resonance Imaging) 검사

① CT 및 MRI 검사는 대부분 마취를 동반하므로 마취 모니터링이 필요하다.

② 동물은 검사 전 금식해야 하며, 목줄이나 옷 등을 제거해야 한다. MRI 검사의 경우 마이크로칩에 의해 결과가 나오지 않을 수 있다. (체내 마이크로칩을 포함한 금속장치가 있는 경우 검사가 불가능할 수 있다.) 반드시 보호자에게 장착 여부를 물어보고, 필요에 따라 마이크로칩을 제거해야 할 수도 있다.

③ 검사가 완료된 후 마취에서 잘 회복하는지 끝까지 모니터링해야 한다.

MRI 검사실에 들어갈 때는 금속, 자석제품(예: 휴대폰, 의료용 가위, 머리핀 등)을 모두 제거하고 입실한다.

🐾 실습 수행 목록(Checklist)

수행 목록	수행 여부		내용 작성
	관찰	수행	
CT 및 MRI 검사 — CT 검사를 보조하였는가?			
MRI 검사를 보조하였는가?			
영상진단 검사를 위한 마취 모니터링을 수행하였는가?			
CT 및 MRI 촬영 시 안전수칙을 준수하였는가?			

🐾 수행 과제

※ 실습병원에서 CT 혹은 MRI를 촬영한 증례가 있는 경우 증상 및 진단 결과를 간단히 작성해보자.

내원하게 된 증상	
CT 혹은 MRI 진단 검사 결과	

※ 영상실습 수행 시 주요 내용 정리

CHAPTER 05

동물보건 임상병리실습

1 실습 목표

① 동물의 전반적인 건강 상태와 질병 진단에 도움이 되는 진단검사를 보조 및 수행할 수 있다.

② 임상병리 검사의 중요성과 목적에 대해 알고, 임상병리 검사에 활용되는 기기의 종류와 사용법을 알고 있다.

③ 각종 임상병리 검사(혈액검사, 소변검사, 분변검사, 피부검사 등)를 보조 또는 수행할 수 있다.

④ 임상병리 기기를 다룰 때 안전사항을 따를 수 있다.

⑤ 실험실 의뢰 검사의 절차를 따르고, 검체를 다룰 수 있다.

2 혈액검사

① 임상병리실에서 안전수칙을 확인한다.

② 정확한 검사 결과를 얻으려면 최소 6시간 이상 금식하며, 약물이나 수액 처치 전에 채혈해야 한다.

③ 혈액검사는 CBC 검사(Complete Blood Count, 전혈구 검사), 혈액(혈청)화학 검사 (Blood Chemistry Examination), 면역혈청 검사(Immunoserology) 등이 있다.

④ 혈액검사 종류에 따라 전혈, 혈장, 혈청 등 주로 사용되는 혈액검체가 다르므로 채취된 혈액은 목적에 맞는 혈액검체용기에 보관하여야 한다.

⑤ 병원에서는 자동혈구분석기, 혈액화학 검사 등이 널리 쓰이고 있으며 기기에 따라 작동법에 차이가 있을 수 있으므로 작동법을 잘 파악하여 실습에 임해야 한다.

실습 TIP

① 혈액검체용기에는 항응고제 또는 응고 촉진제가 포함되어 있다.
② 혈액검체용기의 종류

EDTA 용기	헤파린(Heparin) 용기	SST(Serum Separating Tube) 용기	플레인(Plain) 용기
• CBC 검사에 주로 사용함 • 용기 색상은 연보라색임	• 혈장을 이용한 혈액화학 검사에 주로 사용함 • 용기 색상은 초록색임	• 혈청분리촉진제와 겔이 들어 있어 혈청 분리가 쉬움 • 용기 색상은 노란색임	• 혈청분리촉진제가 포함되어 있음 • 혈액을 응고시킨 후 원심 분리를 통해 혈청과 혈구를 분리함 • 용기 색상은 빨간색임

실습 수행 목록(Checklist)

수행 목록		수행 여부		내용 작성
		관찰	수행	
혈액검체 준비과정	용도에 맞는 혈액검체용기 준비			
	혈액검체용기에 동물환자 정보 기입			
	혈액채취를 위한 보정			
	혈액검체 준비			
혈액도말 검사	혈액도말 표본용 슬라이드 및 물품 준비			
	혈액도말 표본 만들기			
	도말표본 염색(사용한 염색법 종류 작성)			
	현미경 관찰			
자동혈구 분석	분석하고자 하는 혈액검체(EDTA 튜브) 준비			
	자동혈구분석기의 전원을 켜고, 동물환자 정보 입력			
	분석기 매뉴얼대로 검사 실시			
혈액화학 검사	혈액검체를 원심 분리하여 분리된 혈액(혈장용, 혈청용 튜브) 준비			
	혈액화학분석기의 전원을 켜고, 동물환자 정보 입력			
	분석기 매뉴얼대로 검사 실시			
호르몬 검사	호르몬 검사를 위한 검체 준비			
	호르몬 검사의 프로토콜 확인			

기타 검사	전해질검사			
	면역혈청검사(항체검사, 키트검사 등)			
검체관리	검사 후 검체의 관리(보관 또는 폐기물 처리)			
	검사 후 주변 환경소독 수행			
	실험실 의뢰 검사의 검사지 작성			
	실험실 의뢰 검사의 검체관리(혈청 분리, 냉동, 냉장 등)			

 수행 과제

※ 다음 용어의 개념을 확인하고 특징을 작성해 보자.

용어	특징
전혈(Whole Blood)	
혈장(Plasma)	
혈청(Serum)	
혈구(Blood Cells)	
섬유소원(Fibrinogen)	

※ 검사 목적에 맞는 혈액검체용기를 선택하고, 사용 용도 및 특징에 대해 작성해 보자.

검사 종류	혈액검체용기
전혈구 검사	
혈액화학 검사	
호르몬 검사	

※ 실험실 의뢰 검사항목

의뢰 항목	검체 종류	의뢰 전까지 검체의 보관

※ 혈액검사 수행 시 주요 내용 정리

3 소변검사

(1) 실습 과정

① **소변검사**(요검사): 검체로 사용되는 소변은 자연 배뇨, 방광 압박 배뇨, 요도카테터 삽입, 방광 천자를 통해 준비할 수 있다.

② 준비된 소변검체로 **요검사**(색 혼탁도, 요비중, 요화학, 요침사 등을 관찰)한다.

(2) 요비중 검사

① **측정 전 교정**: 요비중계(굴절계) 사용 전 증류수를 떨어뜨려 측정된 비중이 1이 되도록 교정나사로 조정한다.

② **요검체 점적**: 증류수를 닦아내고 굴절계의 프리즘에 요검체 몇 방울을 떨어뜨린다.

③ **요비중 측정**: 접안렌즈를 통해 요비중을 읽는다.

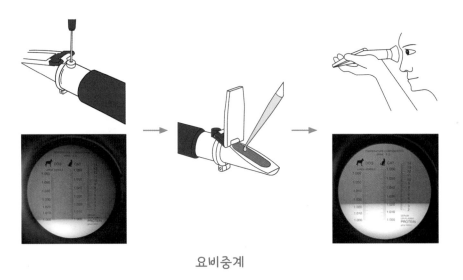

요비중계

(3) 요화학 검사(딥스틱 검사)

① 딥스틱에 소변검체를 묻혀 소변의 화학성분이 딥스틱의 각 항목 색지에 반응하여 나타나는 색깔 변화에 따라 결과를 판독하는 검사법이다.

② 인의용 딥스틱을 사용하여 검사할 경우에는 일부 항목(요비중, 아질산염, 백혈구, 유로빌리노겐)은 판독 결과를 적용하기 적합하지 않다.

(4) 요침사 검사

① 소변검체를 1,500rpm에서 5분 동안 원심 분리한 후 상층액을 버린다.

② 침전물과 약간의 소변검체만 남기고 내용물을 섞어준다(필요에 따라 검체를 염색할 수 있다).

③ 피펫을 이용하여 슬라이드글라스 위에 떨어뜨리고 커버글라스를 덮어 현미경으로 관찰한다.

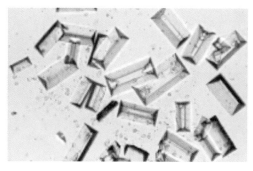
스트루바이트 요 결정체

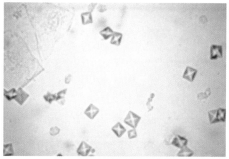
수산칼슘 요 결정체

출처: https://www.arkvet.net.au/post/urinary-tract-health

실습 수행 목록(Checklist)

수행 목록		수행 여부		내용 작성
		관찰	수행	
소변검체 준비과정	소변검체 용기 준비			
	소변검체 용기에 동물환자 정보 기입			
	소변채취를 위한 보정			
	소변검체 준비			
소변검사	검사를 위한 준비(소변검체, 알코올 솜 등)			
	소변의 육안검사(색, 혼탁도, 냄새 등)			
	검체 정리 및 주변 정리			
요비중 검사	검사를 위한 준비(요비중계, 증류수, 알코올 솜 등)			
	요비중계 영점 조절(증류수 이용)			
	소변검체의 요비중 측정 및 기록			
	요비중계 세척 보관 및 주변 정리			
요화학 검사	검사를 위한 준비(소변검체, 소변 딥스틱 등)			
	요화학(딥스틱) 검사 실행			
	일정 시간 경과 후 색깔 변화 판독 및 기록			
	검체 정리 및 주변 정리			
요침사 검사	소변검체 원심 분리(rpm, 분 확인)			
	소변 침전물을 슬라이드 위에 떨어뜨림			
	현미경 관찰			
검체관리	검사 후 검체의 관리(보관 또는 폐기물 처리)			
	검사 후 주변 환경소독 수행			

 **수행 과제**

※ 다음을 구분하고 필요한 물품을 작성해 보자.

소변검체 채취법	특징 및 준비물품
자연 배뇨	
방광 압박 배뇨	
요도카테터 삽입	
방광 천자	

※ 실습 중 관찰한 증례에서, 수행되었던 소변검사(육안검사, 요화학 검사, 요비중 검사, 요침사 검사 등)에서 관찰한 사항과 주요 특징(검사 결과 등)을 작성해 보자.

소변검사 종류	관찰사항 및 특징
예) 소변 육안검사	색, 혼탁도 등
요비중 검사	
요화학 검사	
요침사 검사	

※ 소변검사 수행 시 주요 내용 정리

4 분변검사

① 분변검사를 위한 검체는 신선한 상태의 분변을 얻을 수 있어야 하며, 보호자가 채취해 올 때는 검체를 냉장보관 후 가능한 한 빨리 가져오도록 교육한다.

② 현미경 검사 시 생리식염수에 갠 분변을 도말한 슬라이드글라스 위에 커버글라스를 덮을 때에는 기포가 생기지 않도록 주의한다. 현미경 관찰은 커버글라스를 덮고 저배율에서 고배율로 관찰한다.

③ 현미경 검사 시 분변을 슬라이드글라스에 도말한 후 건조, 염색 과정을 거쳐 현미경으로 저배율에서 고배율로 관찰한다.

실습 TIP

① 기생충란, 원충 등 현미경 사진

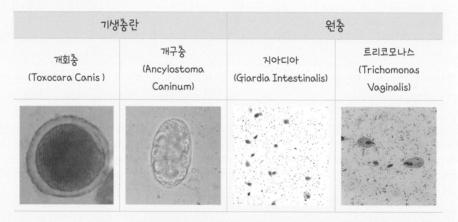

기생충란		원충	
개회충 (Toxocara Canis)	개구충 (Ancylostoma Caninum)	지아디아 (Giardia Intestinalis)	트리코모나스 (Trichomonas Vaginalis)

출처: https://en.wikipedia.org/wiki/File:Toxocara_canis.JPG
https://en.wikipedia.org/wiki/Ancylostoma_caninum

② 분변부유 검사에서는 기생충란을 띄우기 위해 비중이 높은 부유액(황산아연액, 포화식염수액, 포화설탕액 등)을 이용한다. 분변부유액이 시험관 위로 솟아오를 때까지 조심스럽게 가득 채우고 약 30분~1시간 방치한 후 커버글라스에 충란을 묻혀서 현미경 관찰한다.

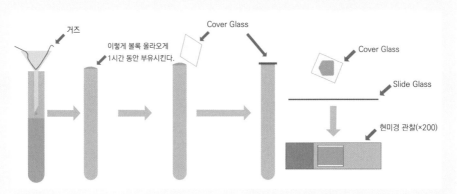

출처: https://scienceon.kisti.re.kr/commons/util/original
View.do?cn=TRKO202000030753&dbt=TRKO&rn=

실습 수행 목록(Checklist)

수행 목록		수행 여부		내용 작성
		관찰	수행	
분변검사	분변 채취 준비			
	분변 육안검사(색, 경도, 혈액혼합 여부 등)			
현미경 검사	슬라이드글라스에 분변을 도말한 후 염색한 표본 제작			
	슬라이드글라스에 분변과 생리식염수를 섞은 후 커버글라스를 덮는 표본 제작			
	슬라이드를 현미경에 놓고 관찰(저배율 → 고배율)			
분변부유 검사	시험관 내에 부유액을 반 정도 붓고 분변을 넣고 스틱을 이용하여 변을 잘 풀어냄			
	여과망을 써서 분변 내에 있는 찌꺼기를 걸러냄			
	부유액을 시험관 위로 솟아오를 때까지 조심스럽게 가득 채우고 약 30분~1시간 방치			
	시험관 위에 커버글라스를 덮어서 상층액을 묻힘			
	슬라이드를 현미경에 놓고 관찰(저배율 → 고배율)			

 **수행 과제**

※ 실습 중 관찰한 증례에서 수행되었던 분변검사의 종류와 관찰사항을 작성해 보자.

분변검사의 종류	관찰사항 및 특징
육안검사	
현미경 검사	
분변부유 검사	

※ 분변검사 수행 시 주요 내용 정리

61

5 피부검사

① 피부찰과/소파검사(Skin Scraping)는 검체의 종류 및 채취 가능성을 고려하여 소파의 깊이를 다르게 한다. 모낭 속에 있을 수 있는 기생충을 검출해야 할 때는 피부를 쥐어짜내듯이 잡아 피가 묻어나올 때까지 피부를 소파한다.

② 피부찰과/소파검사에서 검사자의 안전사고나 병변부위의 절상을 예방하기 위해, 단단한 표면에 문질러 칼날을 무디게 하거나 이미 여러 번 피부찰과/소파검사에 사용하여 날이 무뎌진 칼날을 사용하기도 한다.

③ 피부검체를 심은 플레이트배지를 배양기에서 배양 시 배지의 배양시간 및 온도는 관찰하고자 하는 미생물에 따라 달라진다(예: 37℃에 18~24시간). 또한 온도차로 인한 응축수가 고일 수 있기 때문에 플레이트배지를 뒤집어서 배양함으로써 배양 중에 생긴 응축수가 배지로 떨어져 오염될 가능성을 방지하도록 한다.

④ 배란주기 검사는 임신을 준비하는 경우 이용할 수 있다. 동물의 질에서 샘플을 채취하며 현미경으로 검사한다.

실습 TIP

① 피부진균 배양검사

- 털을 뽑아 사브로드 한천배지(Sabouraud Agar) 또는 피부사상균(Dermatophyte Test Medium, DTM) 선택배지에 직접 올려놓는다.

- 피부사상균증 양성인 경우 DTM에서 노란색에서 붉은색으로 3~5일 이내에 변색된다.

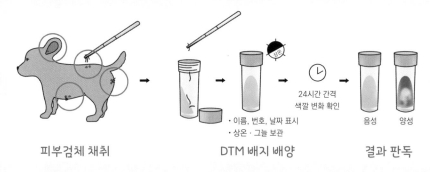

| 피부검체 채취 | DTM 배지 배양 | 결과 판독 |

출처: (주)아산제약

② 귀도말검사(Otic Swab/Ear Smear)에서 관찰할 수 있는 미생물

- 세균(포도상구균, 간균)

- 세포(변성된 호중구, 대식세포)

- 효모균(말라세지아)

- 진드기

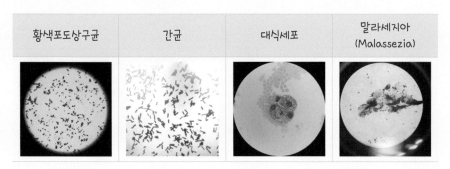

황색포도상구균	간균	대식세포	말라세지아 (Malassezia)

실습 수행 목록(Checklist)

수행 목록		수행 여부		내용 작성
		관찰	수행	
피부검체 준비	검체채취를 위한 물품 준비			
	검체채취를 위한 보정			
	검체채취			
피부도말 검사(Skin Smear)	검사를 위한 준비(알코올 솜, 슬라이드글 라스 등)			
	피부 부산물이 묻은 슬라이드를 현미경 으로 관찰			
테이프압인 검사 (Tape Strip Test)	검사를 위한 준비(셀로판테이프, 알코올 솜 등)			
	테이프를 동물의 피부에 붙였다 뗌			
	피부 부산물이 묻은 테이프를 그대로 슬 라이드글라스에 부착			
	슬라이드를 현미경에 놓고 관찰(저배율 → 고배율)			
피부소파 검사 (Skin Scraping)	검사를 위한 준비(블레이드와 스칼펠 핸 들 등)			
	칼날과 슬라이드에 미네랄오일 도포			
	긁어낸 피부 부산물과 혈흔을 슬라이드 글라스의 미네랄오일에 닦아내듯이 도말			
	커버글라스를 덮고 저배율에서 고배율로 현미경 관찰			
	검체 정리 및 주변 정리			

귀도말 검사 (Ear Smear)	검사를 위한 준비(멸균면봉, 생리식염수 등)		
	귀 내부를 닦아내듯이 면봉으로 돌려 긁 어냄(Ear Swab)		
	슬라이드글라스에 굴리듯이 문지름		
	필요한 경우 염색(Diff-Quik 염색)		
	슬라이드를 현미경으로 관찰(저배율 → 고배율)		
배양검사	검사를 위한 준비(핀셋, 멸균면봉, 배지, 알코올 솜 등)		
	소변 침전물을 슬라이드 위에 떨어뜨림		
	슬라이드를 현미경으로 관찰(저배율 → 고배율)		
배란주기 검사	검사를 위한 준비(면봉, 슬라이드글라스)		
	슬라이드를 현미경으로 관찰(저배율 → 고배율)		
검체관리	검사 후 검체의 관리(보관 또는 폐기물 처리)		
	검사 후 주변 정리 및 환경소독		
현미경 관리	현미경으로 검체를 관찰		
	고배율로 관찰 시 이멀전 오일(Immer- sion Oil) 사용		
	현미경 사용 후 정리 및 관리		

수행 과제

※ 실습 중 관찰한 증례에서 수행되었던 피부검사의 종류와 관찰사항을 작성해 보자.

종류	관찰사항 및 특징
피부도말검사 (Skin Smear)	
피부찰과/소파검사 (Skin Scraping)	
테이프압인검사 (Tape Strip Test)	
배양검사 (세균, 진균)	

※ 피부검사 수행 시 주요 내용 정리

CHAPTER 06

의약품 관리실습

1 실습 목표

① 약리작용을 이해하고 용량과 용법에 대해 숙지한다.
② 의약품의 부작용에 대해 설명할 수 있다.
③ 처방전의 용어와 내용을 이해할 수 있다.
④ 적절하게 의약품을 관리할 수 있다.
⑤ 적합한 투약방법을 보조하고, 복약지도를 수행할 수 있다.

2 실습 과정

① 각 의약품별로 상품명, 화학명(성분명)을 구별하여 처방전을 해석한다.
② 처방전에 따라 입원환자의 관리 및 외래환자의 처방약 조제를 보조한다.
③ 처방약 조제 보조 시 약의 내용물이 일정한지, 약이 봉투 밖으로 새지 않는지, 동물 환자에 대한 기록이 적절한지 다시 한번 확인하도록 한다.
④ 주사약 중 앰플 개봉 시에는 OPC(One-Point Cut)를 확인하고 적절한 방향으로 개봉한다.
⑤ 바이알을 사용할 때 희석액으로 녹인 후 사용하는 경우에는 충분히 녹았는지 반드시 확인한다.
⑥ 주사처치 보조 시에는 동물이 놀라서 움직이지 않도록 보정해야 한다.
⑦ 경구투약 처치 시 오연성 폐렴이 유발되지 않도록 천천히 투약해야 한다.

⑧ 모든 의약품 투약 후에는 이상 반응이 나타나지 않는지 지속적인 모니터링이 필요하다.

경구내복약 조제에 필요한 준비물품

주사제, 액체 및 가루 바이알, 앰플 제제

 실습 TIP

의약품 관리 및 처방전에 사용되는 약어 정리

약어	의미	약어	의미
AS	왼쪽 귀	SID	1일 1회
AD	오른쪽 귀	BID	1일 2회
AU	양쪽 귀	TID	1일 3회
OS	왼쪽 눈	QID	1일 4회
OD	오른쪽 눈	qh	1시간마다 1회
OU	양쪽 눈	EOD	2일 1회
IV	정맥주사	IM	근육주사
SC	피하주사	IV	정맥주사
PO	경구투여	CRI	지속주입

실습 수행 목록(Checklist)

수행 목록		수행 여부		내용 작성
		관찰	수행	
처방전 이해	처방전을 보고 의미 이해			
	처방전을 보고 해당하는 약 준비			
의약품 관리	의약품별 저장, 보관조건 확인 및 보관			
	향정신성의약품, 마약류의 분류(잠금장치) 보관			
	의약품 재고관리			
의약품 적용	경구약(가루) 투약			
	경구약(물약) 투약			
	경구약(캡슐 혹은 알약) 투약			
	외용제(연고, 소독제품) 적용			
의약품 조제 보조	약삽(약주걱) 사용 및 약포장지 적용			
	처방약 봉투에 동물환자 정보 기록			
주사투여 보조	근육주사 보정			
	피하주사 보정			
	정맥주사 보정			
	CRI 투약을 위한 시린지 펌프 사용			
	주사제 앰플 관리 및 준비			
	주사제 바이알 관리 및 준비			

※ 입원환자 중 한 증례를 선정하여 처방전을 해석해 보자.

진단명	
나이	
체중	
처방전의 내용 및 해석	

※ 의약품 관리실습 수행 시 주요 내용 정리

CHAPTER 07

동물병원 실무실습

1 실습 목표

① 동물보건사의 직무를 이해할 수 있다.

② 동물병원 현장에서 효과적인 커뮤니케이션을 수행하며, 진료기록부 관리, 위생관리, 물품관리 등을 보조할 수 있다.

③ 동물등록제를 이해하고 절차를 수행할 수 있다.

④ 반려동물 출입국 관리제도를 이해하고 절차를 보조할 수 있다.

⑤ 동물병원 마케팅 및 행정지원 업무를 이해할 수 있다.

실습 TIP

① 동물보건사란 동물병원 내에서의 수의사의 지도 아래 동물의 간호 업무와 진료보조 업무에 종사하는 사람으로, 동물의 간호 및 진료보조 업무를 수행한다.

② SOAP(Subjective, Objective, Assessment, Plan)에 의거하여 진료기록부를 작성한다.

③ 동물등록제는 농림축산검역본부에서 주관하며, 2014년 1월 1일부터 의무시행 중인 제도이다. 등록대상동물의 소유자는 동물의 보호와 유실, 유기 방지 등을 위하여 가까운 시, 군, 구청에 등록을 해야 하며, 동물병원에서 이를 대행할 수 있다. 국가동물보호정보시스템(https://www.animal.go.kr)에 접속하여 이 절차를 수행한다.

동물등록 신청서 및 변경신고서

④ 반려동물을 외국으로 데리고 나가기 위해서는 입국하려는 국가의 검역조건을 충족해야 한다. 이때 국가별로 요구하는 서류에 차이가 있으나 광견병 중화항체가 검사결과, 마이크로칩 이식번호 등이 필요한 경우가 많으며, 이러한 절차를 동물병원에서 수행할 수 있다.

⑤ 동물병원 소독

동물병원은 질병에 감염되어 병원성 미생물을 배출하는 동물과 면역력이 저하되어 감염 위험성이 높은 동물이 모이기 때문에 병원시설, 입원실, 의료물품, 반려동물 용품 등 접촉 가능성이 있는 모든 곳에 실시되어야 한다. 특히 알코올, 락스, 포비돈 요오드, 클로르헥시딘 글루코네이트, 과산화수소 등 각종 소독제의 주요 특징과 사용 시 적절한 희석농도에 대해 숙지한다. 또한 수술도구 등 오토클레이브를 활용한 멸균법에서도 숙지한다.

⑥ 동물병원 홍보 및 마케팅

동물병원의 인지도를 높이고 각종 의료서비스를 제공하는 점을 홈페이지와 SNS를 통해 널리 알리고 단골 고객이 변심할 경우 집중 관리한다. 악성고객 발생 시 원칙을 세우고 상황과 고객에 따른 차별을 금지하며, 억지를 쓰더라도 가급적 경청하고, 말로 할 수 있고 비용이 들지 않는 행위를 요구할 경우 적극 호응한다. 재발 방지를 위해 발생한 민원에 대해 공유하고 매뉴얼화한다.

실습 수행 목록(Checklist)

수행 목록		수행 여부		내용 작성
		관찰	수행	
진료 기록부	전자차트에 환자정보 입력			
	전자차트에 환자대기 입력			
	전자차트를 이용한 수납절차 진행			
	전자차트를 이용한 동의서 받기			
	수기차트 작성			
동물 등록제	마이크로칩(RFID, 무선전자개체식별장치) 시술 보조			
	마이크로칩(RFID, 무선전자개체식별장치) 식별번호 인식			
	동물등록 신청서 작성 안내			
	국가동물보호정보시스템에 정보 입력			
	동물등록증 발급 확인			
반려동물 출입국 관리	광견병 중화항체가 검사를 위한 검체 획득 보조			
	광견병 중화항체가 검사를 위한 서류 작성			
	마이크로칩(RFID, 무선전자개체식별장치) 식별번호 인식			
동물병원 위생관리	처치대 위생관리			
	일반 입원실 위생관리			
	격리 입원실 위생관리			

동물병원 마케팅	홈페이지, SNS를 통한 동물병원 홍보			
	CS, 악성고객 대응 및 관리			
동물병원 소독	오토클레이브를 활용한 각종 장비 멸균			
	락스, 알코올 등 적정 농도의 소독제 희석			
고객 응대	전화 응대			
	외래 보호자 응대			
	퇴원 보호자 교육			
	복약지도			

 **수행 과제**

※ 차트에 입력한 내용을 자세하게 작성해 보자. (예: 환자정보 입력, 환자대기 입력)

※ 동물병원 위생관리 시 사용한 소독액의 종류와 그 기능을 간략히 작성해 보자.

※ 동물병원 홈페이지 또는 SNS 계정에 접속하여 최신 소식을 업데이트해 보자.

※ 동물병원 실무실습 시 주요 내용 정리

03

동물보건 관련 법규

CHAPTER 01

수의사법

1 목적(제1조)

이 법은 수의사(獸醫師)의 기능과 수의(獸醫)업무에 관하여 필요한 사항을 규정함으로써 동물의 건강 및 복지 증진, 축산업의 발전과 공중위생의 향상에 기여함을 목적으로 한다.

2 정의(제2조)

이 법에서 사용하는 용어의 뜻은 다음과 같다.

1. "수의사"란 수의업무를 담당하는 사람으로서 농림축산식품부장관의 면허를 받은 사람을 말한다.
2. "동물"이란 소, 말, 돼지, 양, 개, 토끼, 고양이, 조류(鳥類), 꿀벌, 수생동물(水生動物), 그 밖에 대통령령으로 정하는 동물을 말한다.
3. "동물진료업"이란 동물을 진료[동물의 사체 검안(檢案)을 포함한다. 이하 같다]하거나 동물의 질병을 예방하는 업(業)을 말한다.
3의2. "동물보건사"란 동물병원 내에서 수의사의 지도 아래 동물의 간호 또는 진료 보조 업무에 종사하는 사람으로서 농림축산식품부장관의 자격인정을 받은 사람을 말한다.
4. "동물병원"이란 동물진료업을 하는 장소로서 제17조에 따른 신고를 한 진료기관을 말한다.

3 동물보건사의 자격(제16조의2)

① 동물보건사가 되려는 사람은 다음 각 호의 어느 하나에 해당하는 사람으로서 동물보건사 자격시험에 합격한 후 농림축산식품부령으로 정하는 바에 따라 농림축산식품부장관의 자격인정을 받아야 한다.

   1. 농림축산식품부장관의 평가인증(제16조의4 제1항에 따른 평가인증을 말한다. 이하 이 조에서 같다)을 받은 「고등교육법」 제2조 제4호에 따른 전문대학 또는 이와 같은 수준 이상의 학교의 동물 간호 관련 학과를 졸업한 사람(동물보건사 자격시험 응시일부터 6개월 이내에 졸업이 예정된 사람을 포함한다)

   2. 「초·중등교육법」 제2조에 따른 고등학교 졸업자 또는 초·중등교육법령에 따라 같은 수준의 학력이 있다고 인정되는 사람(이하 "고등학교 졸업학력 인정자"라 한다)으로서 농림축산식품부장관의 평가인증을 받은 「평생교육법」 제2조 제2호에 따른 평생교육기관의 고등학교 교과 과정에 상응하는 동물 간호에 관한 교육과정을 이수한 후 농림축산식품부령으로 정하는 동물 간호 관련 업무에 1년 이상 종사한 사람

   3. 농림축산식품부장관이 인정하는 외국의 동물 간호 관련 면허나 자격을 가진 사람

② 제1항에도 불구하고 입학 당시 평가인증을 받은 학교에 입학한 사람으로서 농림축산식품부장관이 정하여 고시하는 동물 간호 관련 교과목과 학점을 이수하고 졸업한 사람은 같은 항 제1호에 해당하는 사람으로 본다.

4 동물보건사의 자격시험(제16조의3)

① 동물보건사 자격시험은 매년 농림축산식품부장관이 시행한다.
② 농림축산식품부장관은 제1항에 따른 동물보건사 자격시험의 관리를 대통령령으로 정하는 바에 따라 시험 관리 능력이 있다고 인정되는 관계 전문기관에 위탁할 수 있다.

③ 농림축산식품부장관은 제2항에 따라 자격시험의 관리를 위탁한 때에는 그 관리에 필요한 예산을 보조할 수 있다.

④ 제1항부터 제3항까지에서 규정한 사항 외에 동물보건사 자격시험의 실시 등에 필요한 사항은 농림축산식품부령으로 정한다.

5 양성기관의 평가인증(제16조의4)

① 동물보건사 양성과정을 운영하려는 학교 또는 교육기관(이하 "양성기관"이라 한다)은 농림축산식품부령으로 정하는 기준과 절차에 따라 농림축산식품부장관의 평가인증을 받을 수 있다.

② 농림축산식품부장관은 제1항에 따라 평가인증을 받은 양성기관이 다음 각 호의 어느 하나에 해당하는 경우에는 농림축산식품부령으로 정하는 바에 따라 평가인증을 취소할 수 있다. 다만, 제1호에 해당하는 경우에는 평가인증을 취소하여야 한다.

1. 거짓이나 그 밖의 부정한 방법으로 평가인증을 받은 경우
2. 제1항에 따른 양성기관 평가인증 기준에 미치지 못하게 된 경우

6 동물보건사의 업무(제16조의5)

① 동물보건사는 제10조에도 불구하고 동물병원 내에서 수의사의 지도 아래 동물의 간호 또는 진료 보조 업무를 수행할 수 있다.

② 제1항에 따른 구체적인 업무의 범위와 한계 등에 관한 사항은 농림축산식품부령으로 정한다.

7 준용규정(제16조의6)

동물보건사에 대해서는 제5조, 제6조, 제9조의2, 제14조, 제32조 제1항 제1호·제3호, 같은 조 제3항, 제34조, 제36조 제3호를 준용한다. 이 경우 "수의사"는 "동물보건사"로, "면허"는 "자격"으로, "면허증"은 "자격증"으로 본다.

CHAPTER 02

수의사법 시행규칙

1 목적(제1조)

이 규칙은 「수의사법」 및 같은 법 시행령에서 위임된 사항과 그 시행에 필요한 사항을 규정함을 목적으로 한다.

2 동물보건사 자격시험의 실시 등(제14조의4)

① 농림축산식품부장관은 동물보건사자격시험을 실시하려는 경우에는 시험일 90일 전까지 시험일시, 시험장소, 응시원서 제출기간 및 그 밖에 시험에 필요한 사항을 농림축산식품부의 인터넷 홈페이지 등에 공고해야 한다.

② 동물보건사자격시험의 시험과목은 다음 각 호와 같다.

　　1. 기초 동물보건학

　　2. 예방 동물보건학

　　3. 임상 동물보건학

　　4. 동물 보건·윤리 및 복지 관련 법규

③ 동물보건사자격시험은 필기시험의 방법으로 실시한다.

④ 동물보건사자격시험에 응시하려는 사람은 제1항에 따른 응시원서 제출기간에 별지 제11호의2 서식의 동물보건사 자격시험 응시원서(전자문서로 된 응시원서를 포함한다)를 농림축산식품부장관에게 제출해야 한다.

⑤ 동물보건사자격시험의 합격자는 제2항에 따른 시험과목에서 각 과목당 시험점수가 100점을 만점으로 하여 40점 이상이고, 전 과목의 평균 점수가 60점 이상인 사람으로 한다.

⑥ 제1항부터 제5항까지에서 규정한 사항 외에 동물보건사자격시험에 필요한 사항은 농림축산식품부장관이 정해 고시한다.

3 동물보건사의 업무 범위와 한계(제14조의7)

법 제16조의5 제1항에 따른 동물보건사의 동물의 간호 또는 진료 보조 업무의 구체적인 범위와 한계는 다음 각 호와 같다.

1. 동물의 간호 업무: 동물에 대한 관찰, 체온·심박수 등 기초 검진 자료의 수집, 간호판단 및 요양을 위한 간호

2. 동물의 진료 보조 업무: 약물 도포, 경구 투여, 마취·수술의 보조 등 수의사의 지도 아래 수행하는 진료의 보조

부 록

현장실습 보고서
양식

01 동물병원 현장실습 일지

1째주	날짜	실습 주요 내용	현장 지도자
1일	년 월 일 (: ~ :)		
2일	년 월 일 (: ~ :)		
3일	년 월 일 (: ~ :)		
4일	년 월 일 (: ~ :)		
5일	년 월 일 (: ~ :)		

2째주	날짜	실습 주요 내용	현장 지도자
6일	년 월 일 (: ~ :)		
7일	년 월 일 (: ~ :)		
8일	년 월 일 (: ~ :)		
9일	년 월 일 (: ~ :)		
10일	년 월 일 (: ~ :)		

3째주	날짜	실습 주요 내용	현장 지도자
11일	년 월 일 (: ~ :)		
12일	년 월 일 (: ~ :)		
13일	년 월 일 (: ~ :)		
14일	년 월 일 (: ~ :)		
15일	년 월 일 (: ~ :)		

4째주	날짜	실습 주요 내용	현장 지도자
16일	년 월 일 (: ~ :)		
17일	년 월 일 (: ~ :)		
18일	년 월 일 (: ~ :)		
19일	년 월 일 (: ~ :)		
20일	년 월 일 (: ~ :)		

02 현장실습 보고서(실습생용)

현장실습 보고서(실습생용)

현장실습 소감 등 작성

03 실습생 평가지(현장지도자용)

실습생 평가지(현장지도자용)

대 상	학 번		성 명		실습 병원		평가자: 현장지도자
					실습 파트		

평가 영역		평가 항목	평가 점수				
			10	8	6	4	2
실 습	1	접수 및 상담 등 고객 응대 업무를 수행할 수 있다.					
	2	청소, 위생, 감염관리 업무를 수행할 수 있다.					
	3	검사 및 처치에 필요한 보정업무를 수행할 수 있다.					
	4	동물의 검사, 사용 기구, 약품에 대해 설명할 수 있다.					
	5	동물에게 필요한 간호 업무를 수행할 수 있다.					
	6	수의사의 지도하에 진료보조 업무를 수행할 수 있다					
	7	기록을 적시에 정확하게 한다(예: 인수인계, 활력징후, 실습일지 등).					
태 도	8	수의사의 지시를 경청하고 병원 직원과 보호자와의 의사소통이 원만하다.					
	9	병원의 비밀유지 등 보안유지 및 생명존중의 윤리적 태도를 실천한다.					
	10	용모나 품행이 단정하고 실습시간을 엄수하며 태도가 적극적이다.					

출석 (감점방식)	결석(　　)회 / 조퇴(　　)회 / 지각(　　)회 (결석 1회 이상: 실습 이수 불가 / 지각 및 조퇴 1회: 5점 감점)	총점　　　　점
		총점　　　　점

평가자	총 점수	점	성 명	(인)

학습성과 평가기준	상	중	하	100점 만점 (출석 제외)
	85점 이상	84~60점	60점 미만	

달성목표 및 관리방안	• '중' 이상의 학생이 70% 도달 • 총점수가 '하'에 해당하는 학생의 경우 담당교수가 면담하여 보충과제를 제출하거나 보충 실습이 필요한 경우 이를 실시한다.

현장실습 만족도 조사지(실습생용)

문 항	평 가				
■ 현장실습 내용의 실효성	매우 그렇다	그렇다	보통 이다	그렇지 않다	전혀 그렇지 않다
1. 현장실습은 본인의 전공지식과 실무능력에 대해 좀 더 이해할 수 있는 계기가 되었다.	⑤	④	③	②	①
2. 현장실습은 취업 전에 현장 분위기, 조직 문화 등 직장 생활을 경험해 볼 수 있는 기회가 되었다.	⑤	④	③	②	①
3. 현장실습은 향후 본인의 진로와 취업계획 수립, 졸업 후 직장 생활에 도움이 될 것이다.	⑤	④	③	②	①
■ 현장실습 운영의 적절성	매우 그렇다	그렇다	보통 이다	그렇지 않다	전혀 그렇지 않다
4. 현장실습 운영(정보 공지, 프로그램 등)은 적절하게 구성되었고, 그 계획에 따라 진행되었다.	⑤	④	③	②	①
5. 대학의 지도교수는 지도·점검을 통해 실습과 관련된 학생들의 의견을 수렴하였다.	⑤	④	③	②	①
6. 현장실습 관련 규정(예: 학점부여, 실습기간 등)은 적절하다고 생각한다.	⑤	④	③	②	①
7. 실습 전 오리엔테이션은 현장실습에 대한 전반적인 이해에 도움이 되었다.	⑤	④	③	②	①
8. 현장실습 이수 확인은 현장실습 협약상의 현장지도자에 의해 이루어졌다.	⑤	④	③	②	①

■ 현장실습 기업체에 대한 만족도	매우 그렇다	그렇다	보통 이다	그렇지 않다	전혀 그렇지 않다
9. 실습환경(시설, 기자재, 안전 등)은 현장실습 교육장으로 적합하였다.	⑤	④	③	②	①
10. 실습기관에서는 현장실습 지도 교원(실습관리 담당자)을 배정하여 임상실습 지도를 하였다.	⑤	④	③	②	①
11. 실습기관의 실습내용은 전공과 관련된 내용으로 구성되어 실무지식을 습득하는 데 도움이 되었다.	⑤	④	③	②	①
12. 실습기관은 실습계획 및 일정에 따라 운영하였다.	⑤	④	③	②	①
13. 향후 실습기관으로부터 입사 제의가 들어온다면 취업할 의사가 있다.	⑤	④	③	②	①

■ 기타 향후 현장실습을 위한 제안

14. 현장실습에 참여하면서 느꼈던 점이나 대학 내 교육과정과 다른 장점이 있었다면 무엇입니까?

15. 위 사항 외에 현장실습에 참여하면서 개선이 필요한 추가적인 사항이 있었다면 서술하여 주십시오.

집필진   정수연(경인여자대학교)   이수정(연성대학교)

이수경(경인여자대학교)   이왕희(연성대학교)

허제강(경인여자대학교)   윤은희(영남이공대학교)

김성재(경복대학교)   안재범(오산대학교)

한아람(대전보건대학교)   최선혜(오산대학교)

박수정(부산경상대학교)   윤서연(유한대학교)

소정화(신라대학교)   김종민(청주대학교)

조유재(신라대학교)

감수진   이정훈(24시 강서 젠틀리동물의료센터)   김기태(24시 강서 젠틀리동물의료센터)

예유진(24시 강서 젠틀리동물의료센터)   김정선(24시 강서 젠틀리동물의료센터)

현장 역량 강화를 위한
동물병원 현장실습 지침서

초판발행   2024년 6월 25일

지은이   동물보건교육연구회
펴낸이   노 현

편 집   이혜미
기획/마케팅   김한유
표지디자인   BEN STORY
제 작   고철민·조영환

펴낸곳   ㈜ 피와이메이트
          서울특별시 금천구 가산디지털2로 53, 210호(가산동, 한라시그마밸리)
          등록 2014. 2. 12. 제2018-000080호
전 화   02)733-6771
f a x   02)736-4818
e-mail   pys@pybook.co.kr
homepage   www.pybook.co.kr
ISBN   979-11-6519-944-9 93520

정 가   13,000원

박영스토리는 박영사와 함께하는 브랜드입니다.